图书在版编目(CIP)数据

湖泊的卫士 / 郭娅文；薛滨，龚伊编. -- 南京：
南京大学出版社，2023.9
ISBN 978-7-305-26380-4

Ⅰ. ①湖… Ⅱ. ①郭… ②薛… ③龚… Ⅲ. ①湖泊－
水环境－生态环境保护－中国－少儿读物 Ⅳ.
①X524-49

中国版本图书馆CIP数据核字(2022)第236956号

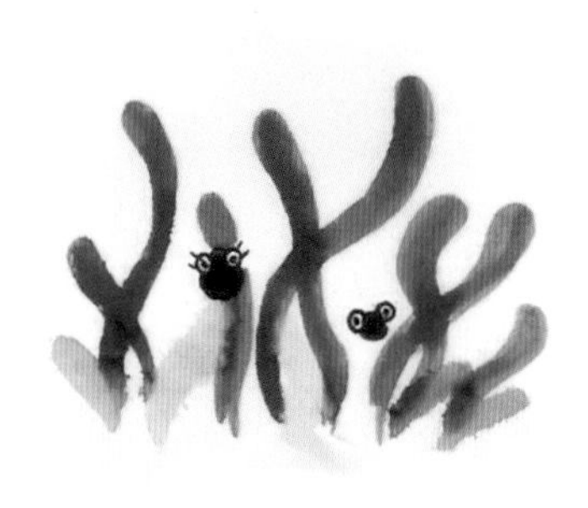

出版发行 南京大学出版社
社 址 南京市汉口路22号 邮 编 210093
出 版 人 王文军

书 名 湖泊的卫士
著 者 郭 娅
编 者 薛 滨 龚 伊
责任编辑 田 甜

印 刷 南京凯德印刷有限公司
开 本 889mm × 1092mm 1/16 印张 3.25 字数 80千
版 次 2023年9月第1版 2023年9月第1次印刷
ISBN 978-7-305-26380-4
定 价 45.00元

网 址：http://www.njupco.com
官方微博：http://weibo.com/njupco
官方微信号：njupress
销售咨询热线：（025）83594756

·湖泊科学绘本丛书·

湖泊的卫士

郭娅 / 文
薛滨 龚伊 / 编

南京大学出版社

序

湖泊是地表水资源的重要载体，反映着流域的健康状况，对区域乃至全球环境变化和环境安全具有重要的影响。我国湖泊资源极为丰富，面积1平方千米以上的自然湖泊近2700个，总面积达8万多平方千米，约占我国国土总面积的1%。然而，过去粗放型的经济增长方式导致了湖泊生态环境破坏和湖泊水资源、生物资源危机，加剧了湖泊周边湿地野生动植物栖息地的破坏。对湖泊生态环境的保护与治理，事关国家生态文明建设和重大区域战略需求，也事关区域、国家乃至全球人类福祉和可持续发展，是统筹山水林田湖草系统治理、建设美丽中国、践行“绿水青山就是金山银山”理念的重要体现。

深化湖泊科普教育，使公众深入了解湖泊的分布、格局、现状和问题，了解湖泊资源和生态环境面临的压力和人为破坏的情况，对于提升社会公众湖泊保护的自觉意识、优化人地关系、建设美丽中国、实现中华民族的永续发展具有十分重要的意义。中国科学院南京地理与湖泊研究所作为唯一以湖泊流域为研究对象的国家级研究机构，肩负湖泊研究和治理的主责主业，同时也注重科普传播，近年来，陆续推出的原创湖泊科普系列丛书，成为中国科学院科学文化工程公民科学素养系列推荐读本，得到了社会方

方面面的支持和认可。相关科普图书曾获得“2019年中国科学院优秀科普图书”称号，其中《诗话湖泊》获得2020年第六届“中国科普作家协会优秀科普作品奖”图书类银奖，也入选2020年度“全国有声读物精品出版工程”。2021年丛书入选科技部“全国优秀科普作品”，并荣获2021年度江苏省科学技术奖。

习近平总书记强调：科技创新、科学普及是实现创新发展的两翼，要把科学普及放在与科技创新同等重要的位置。科普工作也是科学工作者的使命与担当，让科学走出象牙塔，在社会上生根发芽，意义深远。研究所陆续推出《奇妙的湖泊》《湖泊的卫士》等面向广大少年儿童的原创湖泊科学绘本，旨在服务科普教育，吸引少年儿童热爱湖泊，激发他们学习湖泊知识的积极性；同时，进一步传播湖泊科学文化。无疑，这是很有意义的尝试。

中国科学院南京地理与湖泊研究所 所长

2022年11月

前 言

湖泊是大地的眼睛，星罗棋布地镶嵌在地球上，让我们的地球充满灵动。自古以来，湖泊是人类文明的发祥地、生存的栖息地，诸多城市也因湖而兴，因湖而名。湖泊更是现代人类追求高品质生活的伙伴，为人类生活提高、生产发展与生态改善“三生”共赢提供了重要的服务价值。

湖泊健康与人类息息相关，保护湖泊、爱护湖泊、关心湖泊也就成了人类的使命，《湖泊的卫士》这本科普绘本应运而生，这也是继湖泊科学系列绘本《奇妙的湖泊》之后我们推出的全新姊妹篇。湖泊科学通过少儿科普绘本这种生动的形式呈现出来，得到了市场与读者朋友的广泛共鸣，反响非常热烈，希望我们继续创作，与广大少年儿童分享湖泊的科学知识。

中国科学院南京地理与湖泊研究所与江苏省海洋湖沼学会联合策划，在今年终于完成了《湖泊的卫士》的出版。该绘本围绕湖泊的生命之旅、湖泊的困窘之境、湖泊的“大管家”“医疗队”“你我他”、重点湖泊治理与保护成效等内容，立足湖泊保护，努力为一湖清水的保护作出应有的贡献。绘本力求具有科学内涵和传播分享价值，让小读者们能更直观、更清晰、更科学地了解中国的湖泊，了解如何保护我们身边的湖泊，并深刻认识到“湖泊卫士”的重大意义和责任。

希望湖泊如同孩子们的眼睛一样清澈明亮，期待孩子们与美丽中国一样有着美好的未来！

作者

2022年11月

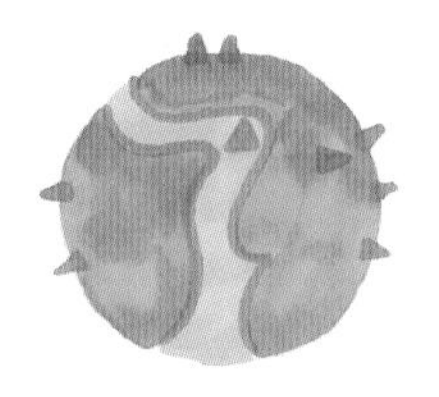

目录

湖泊 人类的伙伴

自古以来，人们择水而居。水草丰美的湖边，一代又一代人在这里繁衍生息，与湖和谐共生。

我国湖泊众多，面积 1 平方千米以上的天然湖泊近 2700 个。星罗棋布的湖泊，滋润着广袤的中华大地，哺养着伟大的中华儿女，孕育着璀璨的中华文明。

湖泊为我们提供了清洁的水源、丰富的水产、优美的环境，是人类的伙伴。

不仅如此，湖泊还能调节河川径流，防洪减灾；沟通航运，繁荣经济；传承文化，发展旅游。大型湖泊还是区域气候的调节器，可以提供重要的生态服务功能。

此外，湖泊也是天然的宝库，众多的盐湖不仅赋存有丰富的石盐、天然碱、芒硝等普通盐类，还蕴藏着硼、锂、铯等稀有和贵重矿产资源。

湖泊的生命之旅

湖泊由湖盆、湖水和水中所含物质组成。相对于山川、海洋而言，它的生命要短暂得多。一般湖泊的生命周期只有几千年至数万年，经历青年期、成年期、老年期和衰亡期四个阶段。

以断陷湖为例

青年期，即湖泊形成的初期，由于地壳构造运动活跃，湖盆快速沉降，湖盆四周堆积了大量沉积物，这些沉积物主要是由山麓堆积与河流沉积组成的粗碎屑。

青年期（泸沽湖）

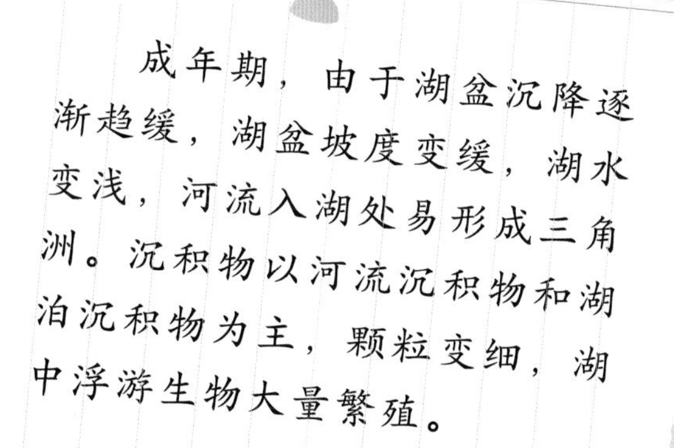

成年期，由于湖盆沉降逐渐趋缓，湖盆坡度变缓，湖水变浅，河流入湖处易形成三角洲。沉积物以河流沉积物和湖泊沉积物为主，颗粒变细，湖中浮游生物大量繁殖。

老年期，由于构造沉降停滞，同时沉积物不断填充，湖泊水体进一步缩小和变浅，水生植物大量繁殖，湖泊沉积物中含有大量的植物根系和植物残体，湖泊向沼泽演化。

老年期（滇池）

湖泊外部环境的变化，如气候极端干旱、强烈的人类活动，使湖泊生态平衡遭到破坏，大大加速了湖泊的演化和消亡过程，也会导致湖泊生命的终结。

湖泊的困窘之境

受全球气候变化和人类活动干扰的影响，近几十年来，我国湖泊出现水体富营养化、水质污染、湖泊萎缩与剧减、湖水咸化、生物多样性下降等一系列问题，湖泊水资源、水环境、水生态（“三水”）陷入困窘之境。

湖泊水资源之困

湖泊是淡水资源的重要储存器和调节器。水资源是湖泊资源的核心，二十一世纪以来，我国湖泊总体呈现萎缩态势，面积缩小和消失的湖泊有千余个。

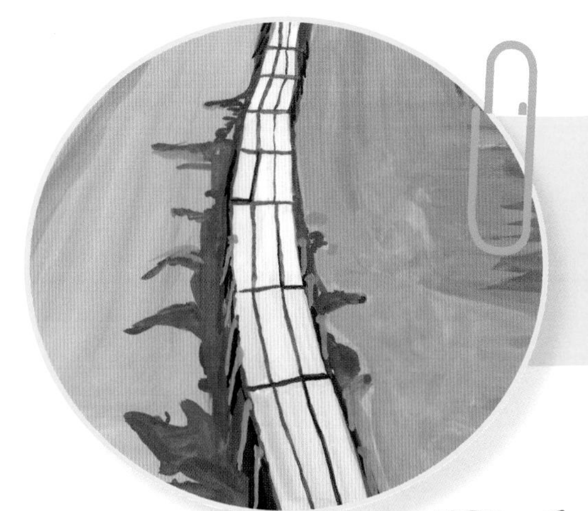

2022 年，北半球出现极端高温气候，我国最大的淡水湖鄱阳湖进入极枯水位，跌破 8 米，露出明代古桥。

随着社会经济迅速发展，人类活动增强，特别是我国东部地区，对湖泊的开发力度较大，如湖泊的围垦，会导致湖泊面积萎缩。同时，在这些人类活动密集的区域，修闸建堤等水利工程建设，阻碍了原本河湖的连通性，如长江中下游绝大多数湖泊都成为阻隔湖泊，面积缩减，导致洪水调蓄能力下降。

湖泊水环境之困

随着湖泊流域以及周边地区人口增长与经济快速发展，进入湖泊水体的 TN（总氮）、TP（总磷）和 COD（化学需氧量）等不断增加，湖泊水环境污染持续加重，湖泊水环境质量急剧下降。

此外，在干旱半干旱地区，湖泊萎缩还会导致湖水咸化和碱化、湖泊滩地沙化现象严重。

酸雨
酸雨出现的主要原因是化石能源燃烧、金属矿石冶炼、尾气超标排放等产生的二氧化硫(SO_2)、氮氧化合物(NO_x)在空气中被氧化后产生硫酸、硝酸，通过湿沉降进入湖泊水体。酸雨会导致湖泊酸化。
农业面源污染
水土流失
水质恶化
湖水咸化

湖泊富营养化

湖泊富营养化是指湖泊接纳过多的氮（N）、磷（P）等营养物质，导致藻类及其他浮游生物迅速繁殖（形成水华），引起水质恶化、鱼群死亡等现象。研究显示，我国约三分之二的湖泊受到不同程度富营养化的危害，全球共有2万多个湖泊遭受过蓝藻水华问题的困扰，湖泊富营养化是全球面临的共性生态环境问题。

水华

在富营养化水体中，藻类等浮游生物过度繁殖甚至在水体表面聚集的水污染现象。

在自然条件下，湖泊也会从贫营养状态过渡到富营养状态，不过该自然过程非常缓慢。而人为排放含营养物质的工农业废水和生活污水，加快了湖泊富营养化的进程，导致水华频繁暴发，湖泊水体富营养化在短时间内出现。富营养化会影响湖泊水质，造成水体透明度降低，使得阳光难以穿透水层，从而影响水中植物的光合作用，导致水体溶解氧含量下降，水体处于缺氧状态，对水生动植物造成危害。

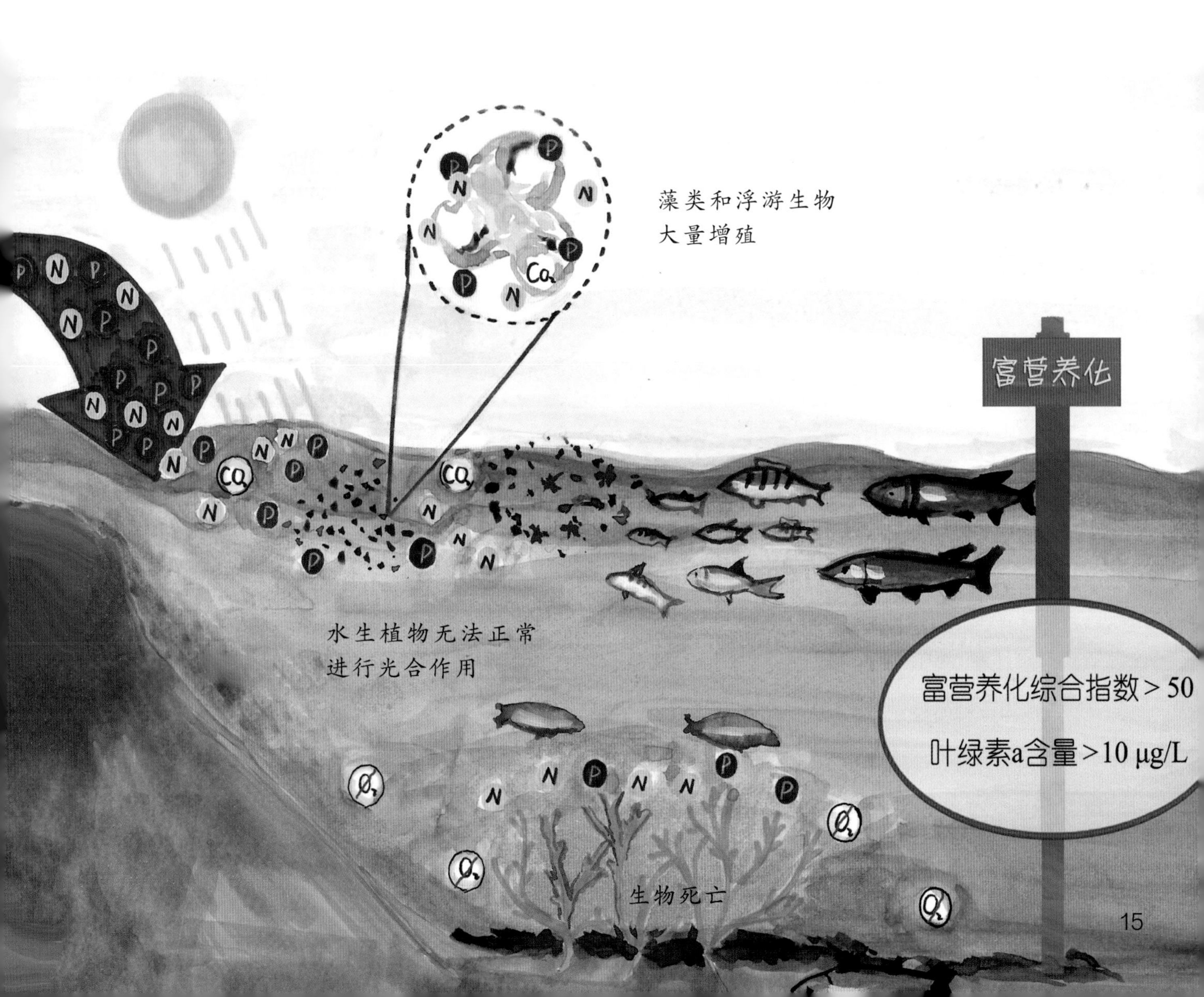

湖泊水生态之困

湖泊的水资源和水环境问题对湖泊生态系统造成了巨大影响，集中表现为鱼类资源种类减少、数量大幅下降，生物多样性不断降低，高等水生植物与底栖生物分布范围缩小，而浮游植物（藻类）等大量繁殖并不断聚集，形成生态灾害。

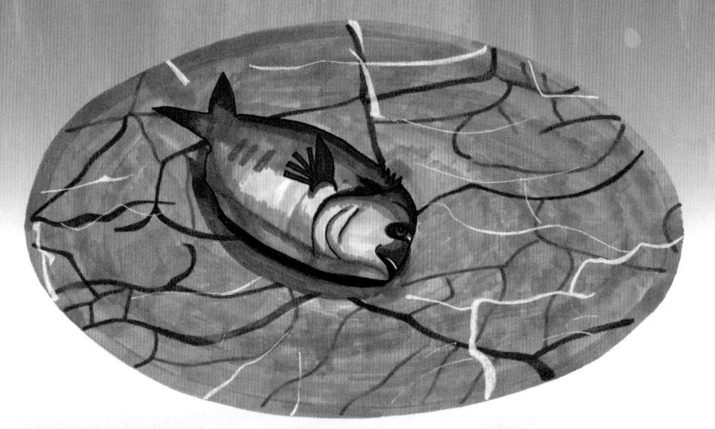

湖泊的咸化和干涸，导致湖泊水生动植物数量大幅下降，最终将造成湖泊水生生物绝灭。

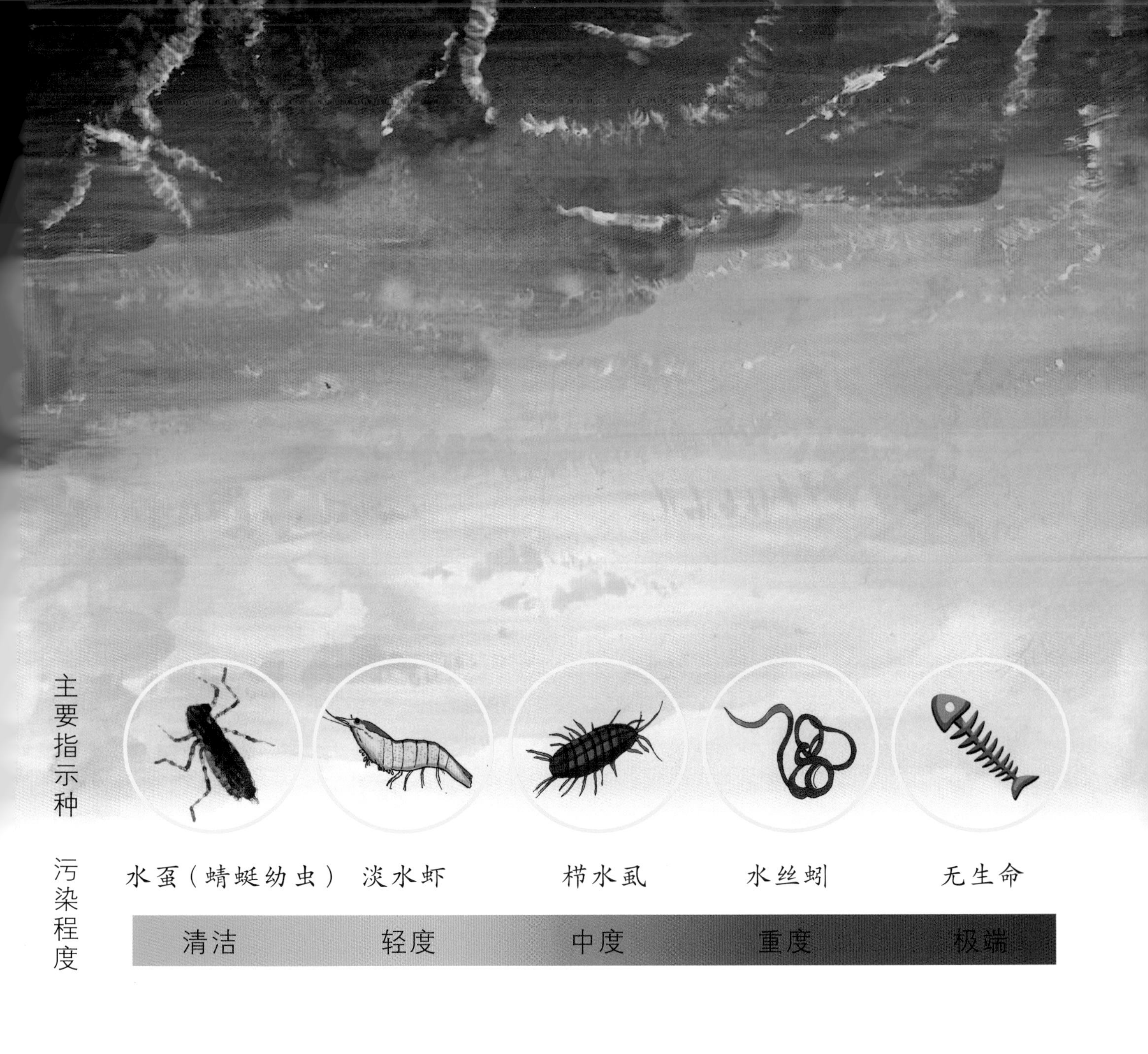

江湖阻隔，导致湖泊鱼类洄游产卵场所丧失，一些江湖洄游性鱼类数量急剧下降；同时，湖泊围垦和水利建设对湖泊鱼类正常的繁殖、发育形成威胁和干扰。如白鲟在历史上还曾广泛分布于洞庭湖、鄱阳湖等大型通江湖泊，2022年已宣告功能性灭绝。

白鲟

谁来保卫我们的湖泊？

习近平总书记强调，“绿水青山就是金山银山”，统筹“山水林田湖草沙”一体化治理与保护。为保护宝贵的湖泊资源，总书记在湖泊足迹所到之处留下了句句殷切的嘱托。国家各级政府部门、行业组织、科研团体、社会公众责无旁贷，都应积极加入湖泊卫士的队伍，营造全民爱湖、护湖的良好氛围。

让巢湖成为合肥最好的名片
守护好查干湖这块“金字招牌”

青海湖
要把青海生态文明建设好、生态资源保护好
滇池是镶嵌在昆明的一颗宝石

加快呼伦湖、乌梁素海、岱海等水生态综合治理

守护湖泊的“大管家”

长期以来，一些地方围垦湖泊、侵占水域、超标排污、违法养殖、非法采砂，导致湖泊面积萎缩、水域空间减少、水质恶化、生态栖息地破坏等问题突出，湖泊功能严重退化。为加强湖泊管理保护、改善湖泊生态环境、维护湖泊健康生命、实现湖泊永续利用，我国在 2018 年年底前全面建立了省、市、县、乡四级湖长制。从此，每个湖泊都有了“大管家”，湖长制的实施是我国加强生态文明建设的重要举措。

各省（自治区、直辖市）把本行政区域内所有湖泊纳入湖长制工作范围，全面建立省、市、县、乡四级湖长体系，确保湖区所有水域都有明确的责任主体。

湖长职责

统筹	协调湖泊与入湖河流的管理保护工作
确定	湖泊管理保护目标任务
组织	制定“一湖一策”方案
明确	各级湖长职责
协调	解决湖泊管理保护中的重大问题
整治	依法组织整治围垦湖泊、侵占水域、超标排污、违法养殖、非法采砂等突出问题

湖长是第一责任人，对湖泊的管理保护负总责。

知湖

摸清湖泊基本情况，组织制定湖泊名录，建立“一湖一档”。划定湖泊管理范围，实行严格管控。

治湖

针对不同类型湖泊的自然特性、功能属性和存在的突出问题，因湖施策，组织科学制定“一湖一策”治理方案。

巡湖

科学布设监测站点，建设信息和数据共享平台，完善监测体系和分析评估体系。利用卫星遥感、无人机、视频监控等技术加强对湖泊变化情况的动态监测。

制度护湖

通过湖长公告、湖长公示牌、湖长 APP、微信公众号、社会监督员等多种方式加强社会监督，建立健全湖长考核问责机制。

实行湖泊生态环境损害责任终身追究制，对造成湖泊生态环境损害的相关单位和人员，严格按照有关规定追究其法律责任。

治理湖泊的“医疗队”

平日里，湖泊由湖长们照看管理，可是当它们生病的时候，就需要医生和护士的治疗和看护。在湖泊卫士的队伍中，有着一支专业的“医疗队”，他们精通湖泊科学研究理论与技术，帮助管理者们诊断湖泊生态环境存在的各种问题，科学制定湖泊治理与修复技术方案，他们就是治理和保护湖泊的科技专家们。

湖泊受到污染，表象在湖里，根子在岸上。湖泊治理专家们首先会根据湖泊及其所在流域的水文情况，确定主要的污染物入湖河道。其次，通过实施一系列的治理工程，如上游雨污分流、建设河道生态缓冲带、构建生态湿地等，改善河道水质，截断外来的污染源，真正做到清水入湖。

对于一些城市景观湖泊，如南京玄武湖、杭州西湖以及昆明滇池草海，为减少大型工程影响，湖泊治理专家们通常会采用稀释和冲刷技术，通过外流引水使湖中营养元素和藻类能够以更快的速度被置换，稀释湖泊污染物的浓度，减少负荷。

有些湖泊还可以采用曝气技术进行水质净化。曝气是指将空气中的氧强制向水体转移的过程，能提高湖泊溶解氧的浓度。此外，曝气还能够有效防止湖中悬浮物质下沉，加强有机物与微生物的接触，促进对污水中有机物的氧化分解。

在湖泊治理过程中还会用到化学或生物方法。比如，在藻类繁殖季节，投加化学灭藻剂可以抑制藻类繁殖；投加适量的微生物，可以加速水中污染物的分解，起到水质净化的作用；等等。

在被污染的湖泊，大量的污染物质都储存在湖泊底泥中，包括营养盐、难降解的有害有毒有机物、重金属离子等。因此，底泥是湖泊中的内污染源，并且会伴随着湖泊的淤积过程不断增厚，导致湖泊水层变浅，透明度降低。此外，底泥中的有机物在细菌作用下发生分解，会降低水中的溶解氧浓度，同时产生硫化氢、磷化氢等恶臭气体，使水质恶化。对于底泥深厚的湖泊，治理专家们采用底泥疏浚技术，通过底泥的疏挖减少底泥中污染物向水体的释放。

治理前

治理后

还有些湖泊会使用生态修复技术进行水质净化。这种治理方式是利用湖泊水生生物之间的生态关系，人为地构建起一个湖泊生态系统，最终使整个生态系统能适应外界环境对它的影响，达到健康的平衡状态。湖泊治理专家们会根据湖泊特点选择适合培养的水生动植物、微生物等，使它们既具有水体净化功能，又能使整个湖泊生态系统稳定运行。

湖泊生态修复技术现在被广泛地应用于各类湖泊治理中。这种技术可以避免施用药物所产生的副作用和使用机械所需要的高成本，而且具有比较持久的效果。

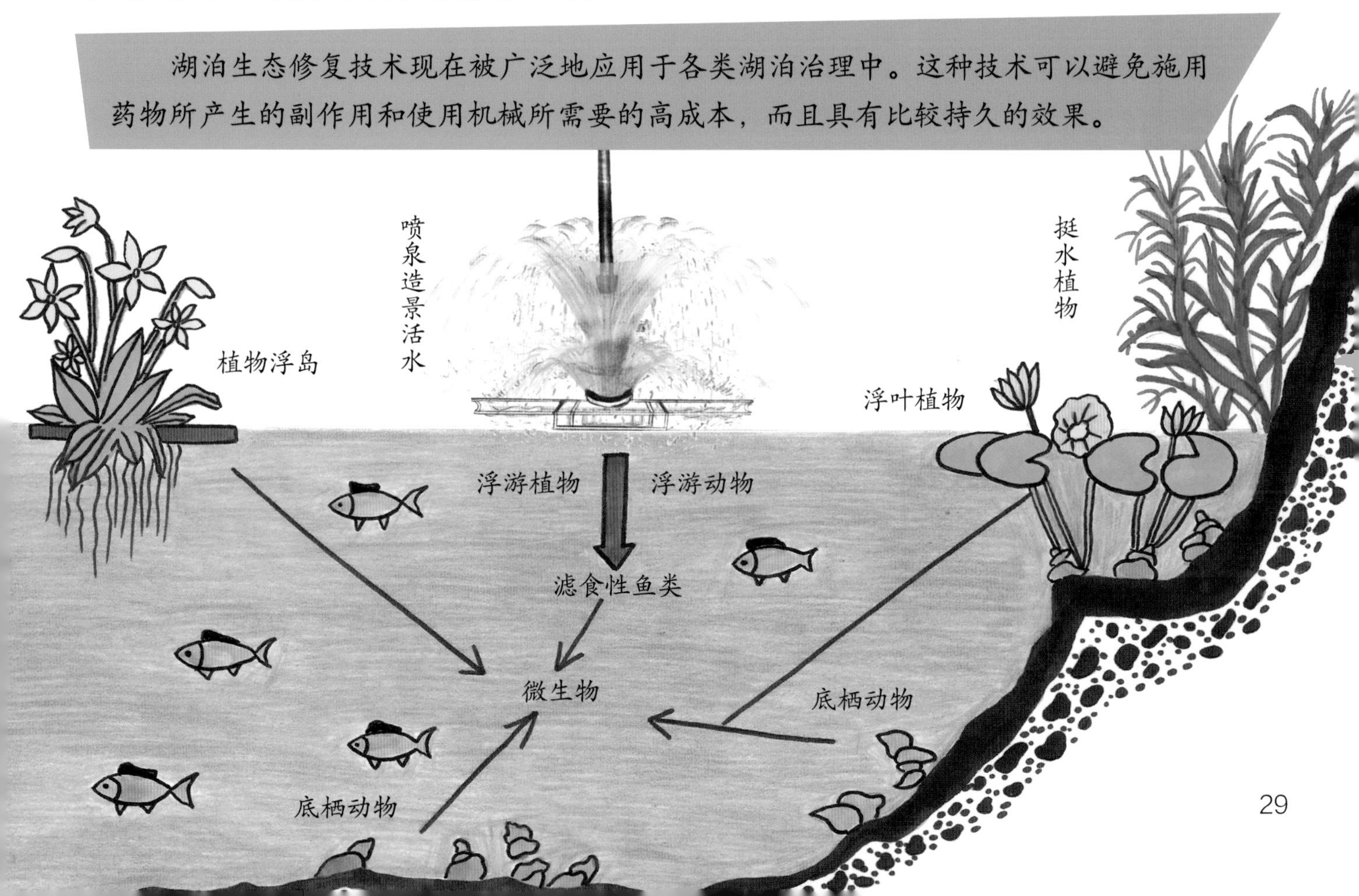

关爱湖泊的“你我他”

保护湖泊不仅要靠湖长们、治湖专家们，更需要我们大家的共同参与和鼎力支持。不在湖泊饮用水源地游泳，不在湖边洗涤和垂钓，捡拾湖泊周边白色垃圾，以及积极劝导、监督、检举污染和破坏湖泊环境行为等，确保我们身边的湖泊洁净清澈。

全民治水 人人参与
无磷
洗衣粉

推动湖泊管理保护意识深入人心，让关爱湖泊、珍惜湖泊、保护湖泊成为全社会的自觉。

全民爱湖

碧水保卫战

党的十八大以来，我国坚持“山水林田湖草沙”系统治理，坚持精准、科学、依法治污，以水生态保护修复为核心，坚持水资源、水生态、水环境“三水”统筹，不仅要“清澈见底”，更要“鱼翔浅底”，让湖泊重现有河有水、有鱼有草、人水和谐的场景。重要的湖泊，如“三湖”（太湖、巢湖、滇池）、青海湖等治理成效显著，我国碧水保卫战迈出一步步坚实的步伐。

太湖

太湖是我国第三大淡水湖和长三角地区最重要的饮用水源地。 太湖属于典型碟形湖泊，平均水深仅 1.9 米，水流流速缓慢，自净能力不高。同时，氮、磷等营养盐输入负荷大，蓝藻水华发生风险高。

2007 年太湖水危机后，太湖水环境治理引起了全国重视。政府部门出台了多部太湖管理与保护条例，全面关停和整改湖区污染企业，提升农业和生活污水处理能力，严格控制入湖水质，并实施了一系列湖泊生态修复工程。太湖这颗明珠经过十余年的精准治理，终于以更加明艳的风光重回世人眼前。

水质明显提升 目前，太湖水质从 2007 年的Ⅴ类改善为Ⅳ类。湖体主要水质指标中，总氮连续十年稳步下降。

富营养化程度下降 太湖连续 15 年成功实现“确保饮用水安全，确保不发生大面积湖泛”的国家目标。

生物多样性增加 “小荷才露尖尖角，早有蜻蜓立上头”，虾、蚌、蜻蜓等洁净水体指示生物在太湖中越来越多，反映了良好的水生态状况。随着湖滨湿地公园的建设，太湖的水鸟已近 200 种。

巢湖

巢湖是安徽省第一大湖，我国五大淡水湖之一，连接长江。巢湖每年向长江输送水量约40亿立方米，是长江中下游重要的湖泊湿地和长三角重要的安全屏障。20世纪以来，巢湖先后经历了围湖造田、江湖阻隔（建闸）和湖区污染等演变历程，成为我国污染最为突出的几个湖泊之一。

巢湖治理把处理好人与自然的关系摆在重要位置，以湖泊流域系统治理和生态修复为本，实行退居、退养、立法划定“红线”保护巢湖。特别是环巢湖十大湿地建设工程实施以来，环巢湖湿地退养面积达1.5万亩，退居7005户，他们中有的成为蓝藻捕捞工，有的成为湿地养护员，每日巡湖护水，见证巢湖生态向好。近十年来，巢湖水质已由劣Ⅴ类转为Ⅳ～Ⅲ类，随着环巢湖湿地建设，较大规模的植物群落带形成。环巢湖十大湿地犹如一块块翡翠“串珠成链”，筑起环巢湖水生态、水安全屏障。该工程也入选国家首批“山水林田湖草沙”一体化保护和修复十大工程。

滇池是云南省最大的淡水湖，被誉为“高原明珠”。滇池属半封闭型湖泊，位于城区低洼地带，排水不便，污染物易于汇集。20世纪80年代至90年代，为了追求片面的发展速度和经济效益，滇池沦为环境污染的全国典型，水质一度达到劣Ⅴ类，蓝藻水华成为“不治之症”。

近年来，随着全国河（湖）长制的实施，由昆明市委书记担任滇池湖长，全面建立了“四级河长五级治理体系”，积极开展湖泊常态化巡查、水质预警监测、生态补水工程、“十年禁捕”等专项整治工作。并编制“一湖一策”实施方案，采取控源截污、内源治理、生态修复、活水保质等举措，完成滇池黑臭水体的治理。2019年，滇池全湖水质保持Ⅳ类，达到30多年来的最好水质，蓝藻水华天数大幅度减少，标志性的候鸟红嘴鸥冬季大规模出现和停留，滇池金线鲃等土著鱼类的濒危状况得到缓解。

青海湖

青海湖是我国面积最大的内陆湖、咸水湖，湖水湛蓝清澈，风景优美，巨大的蓄水量使其具有独一无二的生态地位。青海湖地处干旱半干旱地区，湖泊生态环境脆弱敏感，面临湖泊咸化、植被破坏、动物锐减、湿地萎缩、土地沙化等生态环境问题。

来自全国各地的研究组织、社会自然教育团队、大学暑期实践团队、环保团体等都积极参与到青海湖保护活动中。他们自发成立了保护联盟、湟鱼巡护队，为保护普氏原羚众筹租赁草场……青海湖环保人的故事和青海湖的环境问题，被更多人知晓，极大地促进了有关部门解决这些问题。

随着湿地保护修复、退化草地治理、鸟类栖息地改造、封湖育鱼等一系列生态保护与治理措施的实施，青海湖的旗舰物种普氏原羚从濒危灭绝到恢复壮大，裸鲤资源从濒临枯竭到“鱼翔浅底”，湖泊面积从持续缩小到水位大涨、大湖归来，实现了从生态退化、恶化到生态向好的华丽转变。

湖泊的卫士

不负使命的重托
无悔风雨的执着
绿水青山的梦想
让我们守护湖泊

红旗是坚守的底色
碧水是发展的脉络
科技是治理的利刃
制度是管护的依托

勇敢的湖泊卫士
无惧向污染宣战
保卫我们的湖泊
建设美丽的中国